FÊTE ANNUELLE

DU

COMICE AGRICOLE

DE

L'ARRONDISSEMENT D'AGEN

DISCOURS ET RAPPORTS

LUS A LA SEANCE SOLENNELLE DE DISTRIBUTION DES PRIX ET MÉDAILLES

TENUE AU PORT-SAINTE-MARIE

LE 21 SEPTEMBRE 1856

SOUS LA PRÉSIDENCE DE M. JULES DUCOS

PRÉFET DU DÉPARTEMENT DE LOT-ET-GARONNE

AGEN

IMPRIMERIE DE PROSPER NOUBEL

1856

S

COMICE AGRICOLE

DE

L'ARRONDISSEMENT D'AGEN

FÊTE ANNUELLE

DU

COMICE AGRICOLE

DE

L'ARRONDISSEMENT D'AGEN

~~~~~

DISCOURS ET RAPPORTS

LUS A LA SÉANCE SOLENNELLE DE DISTRIBUTION DES PRIX ET MÉDAILLES

TENUE AU PORT-SAINTE-MARIE

LE 21 SEPTEMBRE 1856

SOUS LA PRÉSIDENCE DE M. JULES DUCOS

PRÉFET DU DÉPARTEMENT DE LOT-ET-GARONNE

~~~~~

AGEN

IMPRIMERIE DE PROSPER NOUBEL

—

1856

I

COMPTE - RENDU

DE LA

SOLENNITÉ AGRICOLE DU PORT-SAINTE-MARIE ,

LE 21 SEPTEMBRE 1856.

Le Comice agricole de l'arrondissement d'Agen publie, tous les ans, le compte - rendu de sa séance publique de distribution des prix et médailles, avec les rapports et les discours qui ont été prononcés. Cette année surtout, il tient à perpétuer le souvenir de cette fête agricole, si remarquable par le caractère qu'elle a revêtu, par l'empressement des populations, par l'organisation intelligente qu'elle a due à la sollicitude éclairée de M. d'Imbert de Mazères, maire du Port-Sainte-Marie, et au concours bienveillant du Conseil municipal de cette ville.

Le Comice, par l'organe de son honorable Président, les a remerciés de la gracieuse hospitalité qu'ils lui ont offerte. Il a pu hautement se féliciter d'avoir eu la pensée d'aller distribuer ses récompenses au milieu des cultiva-

teurs de la riche contrée dont le Port-Sainte-
Marie est le centre. Malheureusement, cette
terre généreuse n'a pas répondu, dans le cours
de cette désastreuse année, à nos légitimes espérances. Les habitants de ce canton et des
deux cantons d'Agen, seuls appelés à concourir
pour les prix offerts à l'agriculture dans l'arrondissement, ont été impitoyablement frappés,
dans la vallée par cinq inondations successives,
et par la grêle sur quelques points des cô-
teaux.

C'était plus qu'il n'en fallait pour déterminer
le Comice à multiplier ses encouragements et à
porter au sein de populations si laborieuses et
si cruellement éprouvées beaucoup de consola-
tions et quelques conseils. Plus d'un cœur re-
connaissant a sans nul doute béni son œuvre.
Il a été largement et noblement secondé. La religion et l'administration se sont associées à sa
pensée. M. Jules Ducos, Préfet de Lot-et-
Garonne, a hautement témoigné par sa présence
et par ses paroles, de l'intérêt particulier qu'il
porte à ces sortes de réunions; et M. Larrey, le
digne curé du Port-Sainte-Marie, du haut de la
chaire évangélique autour de laquelle s'étaient
groupés le Comice, ses invités et ses lauréats,
a éloquemment exprimé ce qui était dans l'esprit de tous, inaugurant avec une admirable
opportunité les enseignements de la journée

dont le programme, publié et répandu longtemps à l'avance, a tenu toutes ses promesses.

Ce programme indiquait :

1º Qu'à onze heures et demie précises, on
devait se rendre, en corps, de la gare du chemin
de fer à l'église du Port-Sainte-Marie, où une
messe devait être dite à midi :

2º Pour une heure et demie, la distribution
des prix, dans une tente dressée à cet effet sur
la promenade publique ;

3º Un banquet de souscription à l'issue de la
séance ;

4º Enfin des jeux et des divertissements
publics.

A l'heure fixée, de joyeuses détonations ont
salué l'arrivée du convoi, qui amenait d'Agen
les invités du Comice, les membres de son bureau et M. le Préfet, accompagné de M. le Secrétaire général de la Préfecture, de M. Henri
Noubel, Député au Corps Législatif, et du poète
Jasmin.

Le cortége, musique en tête, et comprenant
au moins cent cinquante personnes, entourées
d'une foule considérable, s'est mis en marche,
a traversé une partie de la ville et s'est rendu
à la chapelle des Templiers; l'église paroissiale
étant fermée pour cause de réparation. Il a été

accueilli, sur le seuil, par M. le Curé qui, après avoir offert l'eau bénite, a entonné le *Veni Creator*. Quelques instants après, d'éloquentes paroles, parfaitement appropriées à la circonstance, tombaient de la bouche de M. Cérats-Larrey. Tous ceux qu'a profondément touchés cette voix émue, et ils sont nombreux, liront avec reconnaissance, à la suite de ce compte-rendu, le discours de M. Larrey.

Après la messe, on s'est dirigé, dans le même ordre, vers la promenade publique, déjà envahie par une nombreuse assemblée. Sur cette promenade, dominant la Garonne, bordée par la voie ferrée, regardant de tous côtés un admirable paysage, avaient été élevées pour la solennité des tentes gracieusement décorées de drapeaux et de guirlandes. En attendant l'heure de la séance, M. Cusson, mécanicien, membre de la Société d'Agriculture d'Agen, a fait fonctionner sous les yeux du Comice la machine de MM. Renaud et Lotz, qui sert en même temps à battre les blés et à broyer le chanvre. Le public a été témoin de la rapidité avec laquelle le chanvre était réduit en filasse par cette puissante machine. Le Comice attend des expériences comparatives pour fixer son opinion sur la valeur relative de ce procédé.

M. le Préfet a pris place au fauteuil. A ses côtés se sont assis M. d'Imbert de Mazères, maire du Port-Sainte-Marie ; M. Cérats-Larrey,

curé; M. Noubel, député au Corps législatif;
M. Petit-Laffite, professeur d'agriculture du
département de la Gironde, qui avait bien voulu
répondre à une sympathique invitation; M. Cazenove de Pradines, président du Comice;
M. Félix Amblard, vice-président; M. Martial
de Laffore, trésorier; M. Bartayrès, secrétaire
perpétuel; M. Goux, secrétaire-adjoint: enfin
MM. Chéri Amblard, Moureau du Chicot et
Salse, membres de la Commission chargée de
visiter les propriétés et de juger les titres des
concurrents aux prix du Comice.

Sur l'estrade autour du bureau on remar-
quait M. Pouydebat, secrétaire général de la
Préfecture, M. Jasmin, M. le Juge de paix du
Port, plusieurs ecclésiastiques des localités voi-
sines, un grand nombre d'agriculteurs notables
de l'arrondissement, membres du Comice.

Parmi les invités nous n'oublierons pas de
citer M. Vigneau, lauréat de la Société d'Agriculture, Sciences et Arts d'Agen, pour ses procédés économiques de panification.[1]

---

[1] L'honneur que cette Société et le Comice ont fait à M. Vigneau
en le couronnant et en l'appelant à la Fête, a une importance que
nous nous plaisons à constater. Les combinaisons alimentaires de
cet industriel modeste autant qu'habile, notamment ses mélanges
de riz dans le pain, mélanges qu'il est parvenu, après de longues
tentatives, à rendre parfaits, ont appelé déjà l'attention très-sé-
rieuse du gouvernement. L'Empereur a reçu M. Vigneau en au-
dience particulière. Sa Majesté a écouté avec une extrême bienveil-

Les places réservées, en face de l'estrade, étaient occupées par des dames dont la présence donnait un charme de plus à la fête, et attestait l'intérêt qu'elles portent aux choses de l'agriculture. A côté d'elles, et derrière les premiers rangs, se pressait une foule compacte d'agriculteurs venus de tous les points du canton.

La séance a été ouverte par quelques paroles de bienvenue chaleureusement applaudies, dans lesquelles M. le Maire du Port-Sainte-Marie a fait ressortir l'influence des Comices, qui, suivant sa judicieuse expression, forment un véritable lien entre les amis de l'agriculture.

Après M. d'Imbert de Mazères ont successivement pris la parole :

MM. Cazenove de Pradines,
Petit-Laffite,
Amblard, *Félix*,
Le Préfet,
Salse.

On lira ci-après les discours de MM. d'Imbert, de Cazenove, Amblard, et le rapport de

lance ce simple boulanger qui, dans ces années calamiteuses où le blé coûte si cher, a cherché et trouvé le moyen de faire un pain excellent à bon marché relativement. Sous l'impulsion d'une haute volonté, ses procédés ont été expérimentés en grand, à Paris; et ils ont obtenu l'approbation d'une commission de savants et d'économistes nommée par M. le Ministre de l'agriculture et du commerce.

M. Salse sur les prix décernés. Mais nous devons analyser ici les remarquables improvisations de M. le Préfet et de M. Petit-Laffite, que nous regrettons de ne pouvoir reproduire intégralement.

Prenant pour texte de son discours, l'*Action des Comices sur les habitants des campagnes*, l'honorable professeur d'agriculture de la Gironde a réfuté les attaques dont cette institution a pu être l'objet ; il a montré les Comices agricoles soutenus, encouragés, largement subventionnés par le gouvernement ; il a fait un tableau vivant de leurs fêtes annuelles, et a parlé du caractère religieux qu'elles savent revêtir dans le département de la Gironde, grâce au concours constant et dévoué de S. Em. le cardinal Donnet, archevêque de Bordeaux, appelé à juste titre l'*Apôtre de l'agriculture*.

M. Petit-Laffite a été vivement applaudi quand il a représenté ces rudes laboureurs reprenant gaîment la direction de la charrue après avoir quitté la carabine du soldat, et plaçant avec un égal bonheur et un égal orgueil, sur leur mâle poitrine, la médaille décernée par les comices agricoles et la médaille militaire ou la croix d'honneur.

En terminant, et pour prouver combien ces courageux travailleurs des champs, attachent

— 8 —

de prix aux récompenses agricoles, il a cité
plusieurs faits pleins d'intérêt; il a raconté,
entre autres, l'histoire d'un bon paysan plusieurs fois lauréat des Comices, dont la dernière
volonté fut d'emporter dans la tombe les médailles qui avaient couronné son travail.

M. le Préfet a ensuite fait entendre sa voix
éloquente et religieusement écoutée. Abordant
un autre ordre d'idées, il a parlé de la profession du cultivateur au point de vue de ses rapports avec la société, de l'influence morale des
Comices, de leur mission civilisatrice, de leur
efficacité pour combattre chez les fils des laboureurs la tendance à quitter les champs et à se
jeter dans les villes. M. Jules Ducos a profondément ému l'auditoire en réveillant un souvenir encore palpitant dans le cœur de tous,
celui des inondations désastreuses qui, depuis
trois ans, et cinq fois cette année, ont successivement dévasté la vallée de la Garonne; puis
en rappelant la sollicitude paternelle du gouvernement de l'Empereur, son empressement à se-
courir les victimes du fléau, à chercher les
moyens d'en prévenir le retour; enfin l'élan
généreux des populations en France et à l'étranger pour le soulagement de tant d'infortunes.

Après la lecture du rapport sur les titres
des concurrents aux récompenses décernées,

M. Chéri Amblard a fait l'appel des lauréats qui
sont venus recevoir des mains de M. le Préfet,
au son de fanfares joyeuses, les justes récompenses de leurs travaux agricoles.

Sur la liste des lauréats, a dit très-justement
le *Journal de Lot-et-Garonne* en rendant
compte de la fête, figure une dame dont le nom
est à bon droit honoré parmi nous, et qui ne
croit pas déroger en surveillant elle-même l'exploitation de ses domaines. Nous nous asso-
cions de grand cœur à cet éloge et nous nom-
noms avec bonheur ici Mᵐᵉ Labat, de Cambes.
Sa fille, Mᵐᵉ de Laroque, brillait au premier
rang de l'assemblée, et M. le Préfet, cédant à
une heureuse pensée, est venu lui porter, au
bruit des applaudissements, la médaille d'or
décernée à sa mère.

Le banquet a suivi la distribution des médailles. Les lauréats y ont été naturellement
invités. On y comptait cent cinquante-deux
convives.

L'établissement tenu par M. Maysonnié, situé
à l'une des extrémités de la promenade publique, avait été désigné pour le banquet. On ne
pouvait faire un choix plus heureux. De la
vaste salle où les convives étaient assis, on aper-
cevait les tentes qui avaient servi à la distribution des primes et la foule qui circulait joyeuse

et animée, prenant part aux jeux et divertissements que le programme avait annoncés. Ce
spectacle était ravissant.

On ne saurait assez se louer de l'urbanité qui
régnait dans cette réunion cordiale, et de la
gaité franche et communicative que montraient
les convives.

M. Maysonnié avait très-convenablement dé-
coré son établissement; le repas se distinguait
par l'abondance et la variété des mets, qui
étaient du meilleur goût et parfaitement servis.

Pendant le banquet, M. le Préfet a porté à
l'*Empereur*, à l'*Impératrice* et au *Prince im-
périal*, un toast qu'ont suivi trois salves de
bravos.

D'autres toasts ont été portés par M. d'Imbert
de Mazères à M. le Préfet, par M. le Préfet à la
ville du Port-Sainte-Marie, par Jasmin au Secrétaire perpétuel du Comice, le vénérable et
digne M. Bartayrès, enfin par M. Cazenove de
Pradines, aux bons serviteurs ruraux.

Voici ce dernier toast :

« Messieurs,

« Nos Comices réunissent en grand nombre
« des agriculteurs de toutes les classes ; il en
« est cependant que la cotisation, toute modi-
« que qu'elle soit, empêche de se joindre à

« nous. Je parle des serviteurs ruraux. Dans
« la joie de ce banquet, tournons notre pensée
« vers ces utiles compagnons de nos travaux
« annuels, qui portent le poids du soleil de l'été
« et des pluies de l'hiver, qui veillent le jour et la
« nuit sur nos étables, creusent et moisson-
« nent nos sillons, foulent nos vendanges.
« Nous leur devons, en partie, ce pain que
« nous venons de partager ; nous leur devons
« ce vin avec lequel, Messieurs, nous allons
« porter leur santé.

« Aux bons serviteurs ruraux, bouviers,
« vignerons ; à tous domestiques remplissant
« fidèlement leurs devoirs envers Dieu et en-
« vers leurs maîtres ! »

Telle a été cette fête agricole, qu'a favorisée
une journée splendide, et qui a été dignement
couronnée par une séance de Jasmin, en faveur
des pauvres :

Anèy festo pel paouré, amay pes bourdilés.

GOUX,

Secrétaire-adjoint du Comice.

II

DISCOURS

DE M. CÉRATS-LARREY,

A LA MESSE DU COMICE AGRICOLE.

MESSIEURS,

En présence d'une assemblée si imposante et si nouvelle pour ma modeste église, je ne puis me défendre d'un certain saisissement. Mon âme s'élève et s'émeut, car vous êtes pour nous aujourd'hui, non-seulement des hôtes glorieux, mais aussi un grand et salutaire exemple. Si vous êtes ici présents, Messieurs, si vous commencez par l'église votre séance solennelle, c'est d'abord comme chrétiens. Vous avez voulu entendre la messe, parce que c'est un devoir des plus élémentaires du chrétien d'entendre la messe, le dimanche. C'est un devoir, et à vos yeux tout devoir est sacré. Celui-ci, particulièrement, est d'autant plus sacré pour vous qu'il est plus désarmé. Vous pouviez le méconnaître, il n'y avait à craindre ni poursuites ni procès-verbal : la loi n'a point placé ce devoir sous la protection de la force publique. Mais, la force, Messieurs, qu'est-elle pour des hommes de cœur? — Rien, absolument rien. Ce n'est point la force qui les contraint : c'est la conscience qui les pousse, c'est la conviction qui les anime, et comme le disait un jour un orateur : Ce n'est pas au droit de la force, c'est à la force du droit que les hommes de cœur obéissent.

Soyez bénis, Messieurs, vous honorez aujourd'hui ce devoir du chrétien autant que l'accomplissement de ce devoir vous honore. Intimement unis d'esprit et de sentiments à l'honorable Président qui a réglé le programme de cette fête, mus par les suffrages illustres qui vous sont venus des représentants du pouvoir à ses divers degrés, vous n'avez pas cru que l'importance de votre mission agricole pût vous servir de dispense et justifiât une abstention. Vous apprenez ainsi au monde que si la terre n'est pas indigne de votre sollicitude, le ciel vous en présente des motifs encore plus sérieux et qui passent avant tout; que si vous patronez, si vous encouragez, si vous favorisez cette noble et utile science qui donne le pain du corps, vous entendez avant tout favoriser, encourager, patroner cette autre science d'un ordre bien plus élevé qui donne le pain de l'âme; que s'il

faut songer à la vie du temps, il faut songer aussi
à la vie de l'éternité. — Ah! Messieurs, vous
faites là une belle et bonne action; et si la
société entre résolument dans cette voie, si elle
a longtemps sous les yeux de pareils exemples,
que d'anxiétés, que de secousses, que de cata-
strophes lui seront épargnées !

Vous êtes ici, en second lieu, pour offrir offi-
ciellement à Dieu l'hommage de la terre. La
terre appartient au Seigneur. *C'est lui*, dit
l'Ecriture, *qui, au commencement, l'a créée*,
et toute créature appartient de droit à celui qui
lui a donné l'être. — Mais ce qui appartient à
Dieu par droit de création, ce n'est pas seulement la terre, matière brute, inerte, impro-
ductive ; c'est aussi l'ensemble de ces forces
occultes, cette énergie mystérieuse qu'elle dé-
ploie dans la formation de ses divers produits.
Car, dit encore l'Ecriture, *la terre, en sortant
des mains de Dieu, était vide et impuissante ;
les ténèbres couvraient la surface de l'abyme
et l'esprit de Dieu s'étendit sur le chaos.*
Qu'est-ce à dire, Messieurs? Cette incubation
mystérieuse de l'esprit de Dieu, n'est-ce point là
ce qui prépare la terre à recevoir cette vertu
féconde d'où sortiront plus tard les plantes, les
arbres, les fleurs, les fruits, les germes de toute
espèce et même les animaux ? — Enfin, il y a
quelque chose de mieux qui appartient à Dieu

par droit de créateur. La terre existe ; elle est
fécondée, elle est organisée et se meut dans
l'animal. N'est-ce pas assez, ce semble? Non ,
Messieurs, Dieu lui réserve un plus insigne honneur, il veut l'associer aux nobles prérogatives
de l'esprit. Déjà elle est le sujet des plus riches
présents du créateur, mais elle n'en a pas conscience, elle ne les connaît point ni ne peut en
rapporter la gloire à leur auteur ; et c'est alors,
grand Dieu, que prenant un peu de boue et le
façonnant, vous en formâtes le corps de l'homme,
et soufflant sur lui un souffle de vie impérissa-
ble, vous fites de la chair, c'est-à dire de la
terre vivante, non-seulement le tabernacle et
l'instrument de la pensée, mais encore la compagne des destinées temporelles de l'esprit. Que
dis-je, des destinées temporelles? Elle sera,
après la résurrection, la compagne de ses destinées éternelles, car, comme si, par cet hymen
mystérieux des deux substances, la chair était
de moitié dans la valeur morale des actes com-
mandés par l'esprit, elle en partagera éternellement la gloire avec l'esprit, ou, avec lui, en
portera éternellement la peine.

Le voilà donc, ce chef-d'œuvre des mains de
Dieu, le voilà ! L'homme ! A la fois fils du ciel et
fils de la terre, à la fois esprit et matière, ange
et végétal ! Résumé sommaire de toute la création, médiateur entre Dieu et la terre, abais-

sant Dieu jusqu'à la terre, sans le dégrader,
élevant la terre jusqu'à Dieu, sans la déifier, et
conférant, par une réelle infiltration de l'esprit,
la dignité d'opérations intellectuelles et morales
au jeu harmonique des ressorts de l'organisation!... Ah! Messieurs, qu'il est grand, qu'il
est beau, l'homme ainsi conçu! et si je ne tenais
point compte des lumières surnaturelles qu'il
méprisa, je le trouverais presque excusable de
s'être fait un jour tristement illusion! Il se regarde, il se revoit debout et magnifique. Il regarde
la poussière qu'il foule aux pieds; jl la voit inerte, sans beauté, sans valeur;... il ne peut croire
que ce soit là son premier élément sensible;
et, s'exaltant outre mesure dans ses rêves
de grandeur, il est, par un juste châtiment,
frappé de déchéance, et en lui, toute l'humanité
qu'il portait dans son sein. Va, lui dit son maître, va, serviteur déloyal, va expier ta faute
jusqu'à ce que tu rentres dans la terre d'où je
t'ai tiré; car, puisque tu l'as oublié, il faut bien
que je te le rappelle. Si tu es esprit, tu es aussi
poussière et tu reviendras en poussière!

L'homme, racheté par Jésus-Christ, ne doit
plus l'oublier, Messieurs, et, en venant incliner
aujourd'hui vos têtes devant son autel, vous
faites envers Dieu une éclatante profession de
dépendance. Cette terre que vous portez en
vous s'humilie devant lui sous la juste pression

2

de l'esprit. Elle reconnaît son auteur et les riches bienfaits dont il l'a comblée; et comme ce
corps, sorti de la terre, ne peut vivre que des
produits de la terre, c'est aussi de tous ces produits que vous venez faire hommage à Dieu.
Vous êtes donc ici les représentants de l'humanité et ceux de la propriété qui en est un appen-
dice. Vous reconnaissez que le propriétaire est,
comme tel, le feudataire de Dieu, parce qu'il
est, comme homme, sa créature; que Dieu, en
lui donnant le corps, a dû lui donner la terre
qui nourrit le corps, et le pourvoir d'activité,
de lumières et de combinaisons pour faire valoir
ce fief qu'il tient de Dieu sous la seule réserve
de son haut domaine.

Et ce haut domaine, Messieurs, Dieu ne l'a-
bandonne pas, il ne le cède à personne. Il ne
veut point, il ne peut point abdiquer sa suze-
raineté, qui est un droit non pas conventionnel,
mais nécessaire et fondé sur l'essence des choses. Dieu ne fait rien, il ne peut rien faire que
pour sa propre gloire; et comme les autres
créatures sensibles ne peuvent, par elles-
mêmes, procurer la gloire de Dieu, parce qu'elles n'ont pas conscience de leur être, Dieu les a
toutes subordonnées à l'homme, ou, comme
disent les théologiens, il les a toutes ordonnées
par rapport à l'homme, afin que, par l'homme,
l'adoration de toutes les créatures arrive jus-

qu'à Dieu. Par conséquent, si le feudataire refuse l'hommage au suzerain, c'est-à-dire, si
l'homme ne sert pas Dieu, il est, par le fait
même, hors la loi, il n'a plus aucun droit à
l'usage des créatures, et Dieu le lui retire par-
tiellement par les fléaux dont il frappe la terre ;
et le jour où l'homme voudra définitivement
se soustraire au service de Dieu, ce jour-là le
monde cessera d'avoir sa raison d'être et Dieu
le détruira.

Il y a quelque chose, Messieurs, dans les
secrets pressentiments de l'âme humaine qui
vous révèle, au moins vaguement, ces grandes
vérités, et voilà pourquoi vous m'écoutez sans
étonnement ! Voilà pourquoi, aussi, votre bon
sens vous fait faire aujourd'hui cette manifestation religieuse à laquelle je suis si heureux de
prêter mon concours ! Oui, en couronnant les
progrès de l'agriculture, ses développements, ses
nouvelles méthodes, ses succès, vous couron-
nez les dons de Dieu, et vous êtes parfaitement
dans l'ordre rationnel aussi bien que dans l'ordre théologique, en faisant remonter jusqu'à lui
la gloire de ces résultats heureux produits par
l'admirable combinaison des élucubrations de
l'esprit avec l'énergie de la terre, sous la protection et la faveur de Dieu !

Poursuivez courageusement votre œuvre,
donnez-lui de jour en jour plus de splendeur,

et pour que Dieu bénisse votre mission, gar-
dez-en toujours cette haute intelligence dont,
vous faites preuve aujourd'hui. Puissiez-vous
remettre en honneur la profession si noble et
pourtant si dédaignée de l'agriculture! Puissiez-
vous attacher l'homme à ses champs, tout en lui
rappelant qu'il ne doit pas y ensevelir toutes ses
espérances et, qu'en cultivant le coin de la
terre qui lui a fourni son corps, qui l'alimente
et qui lui réserve un tombeau, il aspire à re-
gagner ces hautes régions d'où l'âme est des-
cendue et qui sont la vraie patrie de l'esprit.

Heureux le cultivateur en qui la foi s'allie
ainsi à l'activité corporelle! Il ignore les agita-
tions dévorantes de l'ambition et de l'intrigue.
Toujours en présence de la grande et simple
nature, il touche de plus près la divinité, il
peut en recevoir plus souvent l'impression di-
recte. Il travaille, il sème, il cultive, mais il attend d'une puissance supérieure à la science le
succès de tous ses efforts; il remue à chaque
instant les mystères de la nature et trouve
moins difficile de s'incliner devant ceux de la
foi. Il ne sait ni comment ni pourquoi ce grain
de blé qu'il confie au sillon, en se perdant,
laisse un germe de résurrection et de vie; comment ce germe peut percer le cercueil de terre
qui le recouvre, et se formant en épi, se char-
geant de grains de son espèce, peut payer lar-

gement tout le travail qu'il a coûté. Il ne sait ni
comment ni pourquoi ce chétif arbrisseau qu'il
émonde et dont il fait pleurer la tige sous le
tranchant du ciseau, au lieu de s'épuiser en lar-
mes inutiles, a, pardonnez le mot, le bon sens
d'ouvrir lentement et doucement son écorce
pour donner passage à de nouveaux bourgeons,
pousser de nouvelles branches et se couvrir encore de fleurs et de fruits. Il ne sait ni pourquoi les fleurs sont si variées, ni pourquoi les
fruits n'ont pas tous la même saveur, attendu
qu'ils viennent de la même terre, ni pourquoi
ces sucs de la terre, si insipides dans leur
source, acquièrent dans les veines de l'arbuste
ce goût flatteur pour le palais. Il ne sait rien de
tout cela, par la raison que tout le monde
l'ignore; mais il le voit, il le manipule, il ne
peut en douter, et il faut bien qu'il s'élève alors
jusqu'à l'adoration silencieuse de cette cause
première et souveraine à laquelle rien ne peut
résister, rien, si ce n'est, hélas! l'orgueil insen-
sé de l'homme. — Et ces grandes impressions,
surtout lorsqu'il les voit appuyées par la foi de
ceux qu'il considère comme supérieurs à lui
par la position et l'intelligence, ces grandes impressions le suivent partout. On en voit comme
une douce empreinte dans les habitudes inté-
rieures de sa maison. L'ordre, le travail, la sobriété, la simplicité, la concorde règnent par-

tout sous la protection de la prière. Son épouse,
ses enfants respirent autour du foyer domestique ou de la table commune une atmosphère
de paix mystérieuse et de contentement élevé,
comme celle qu'on respire dans le sanctuaire
d'une église, le soir, à la suite d'une bénédiction.
Ses voisins ont confiance en lui : on sait que
sa parole vaut un contrat ; que ses transactions
sont toutes déterminées par le sentiment de la
justice fortement gravé dans son âme par sa foi
en Dieu. On sait qu'il regarde comme ignoble
de faire à autrui ce qu'il ne voudrait pas qu'on
lui fît à lui-même, et que, lors même qu'il
pourrait soustraire à la vindicte des lois un
acte coupable, il ne se le permettrait point ;
car il y a quelque chose en lui de plus vigilant,
de plus sévère que toutes les lois, c'est la
conscience : et la conscience est rarement en
défaut chez l'homme qui croit sérieusement en
Dieu !

S'il prospère, il ne livre pas son cœur à une
vaine enflure et ne cesse point d'être modeste,
rangé, laborieux et serviable. S'il a des revers,
il ne se laisse pas abattre, il sait que ce grand
Dieu, en qui il espère, ne frappe que pour sau-
ver. Au lieu de se raidir, de s'endurcir sous les
coups de la main divine, il profite des leçons
que les événements lui donnent pour se retrem-
per dans la foi et les idées morales, pour deve-

nir encore meilleur et se rendre digne du retour de la miséricorde.

Aussi, quand il arrive au terme de ses jours,
il voit approcher sans frayeur le moment de
paraitre devant son juge. Et quand la cloche
de son église, dont il savait si bien le chemin,
annonce aux environs émus l'instant solennel
de son agonie, tous ceux qui le connaissent,
devançant en quelque sorte le jugement de
Dieu, accueillent son nom avec une religieuse
sympathie. Tous les cœurs prient pour lui et
toutes les bouches lui rendent ce témoignage
qui est déjà celui de la postérité : C'est *un
brave homme* qui va mourir... Ah ! certes, il
peut mourir tranquille, car il laisse à ses enfants du pain bien acquis, et, ce qui vaut mieux
encore, un juste renom de vertu, d'honorabi-
lité, et un trésor de bons exemples.

Ainsi, dit l'Ecriture, *sera honoré, sera béni
l'homme qui craint le Seigneur*. Dites-le bien
haut, Messieurs, dites-le par vos discours,
dites-le mieux encore par vos œuvres. Semez
autour de vous ces salutaires doctrines sans
lesquelles la société, comme un homme ivre,
s'en va chancelante dans des voies de per-
dition.

Ah! souffrez qu'en terminant je redise ici les
graves paroles qu'un illustre cardinal adressait,
il y a cinq semaines aujourd'hui, à une assem-

blée bien solennelle aussi, en clôturant le Concile de notre province : « Vous venez de l'entendre ; cette grande manifestation religieuse est une œuvre de bon sens et de haute civilisation. Chrétiens et Français, nous y concourons avec joie. Mais ne l'oubliez pas, Messieurs, la religion n'est pas une vaine forme : prenez-la pour régulateur de vos intelligences et de vos mœurs. Qu'elle ne soit pas seulement la religion de vos enfants et de vos femmes : qu'elle soit la vôtre, Messieurs, et qu'elle domine toutes vos pensées. Ainsi vous aurez bien mérité et de Dieu et des hommes, vous serez à la fois des bienfaiteurs pour la patrie et des élus pour le ciel !... »

III

DISCOURS

DE

M. D'IMBERT DE MAZÈRES,

MAIRE DU PORT-SAINTE-MARIE.

~~~~~~

Monsieur le Préfet et Messieurs,

Ce mouvement inaccoutumé, l'affluence qui se presse autour de cette assemblée dont la présence du premier magistrat du département, toujours si favorable à notre ville, vient encore rehausser l'importance et l'éclat, tout ici nous révèle une de ces solennités qui laissent des souvenirs féconds et durables et sont de nature à influer sur la richesse et sur l'avenir de notre pays.

Puissiez-vous, par votre présence au milieu de nous, Messieurs, relever de leur découragement les cultivateurs de nos malheureuses contrées ! Ils ont eu, vous le savez, des jours néfastes, des jours de déception et de deuil. Qu'ils

puissent voir, du moins, dans cette manifestation, toute en l'honneur de l'agriculture, une
légitime et glorieuse compensation! Vous l'avez
ainsi compris, Messieurs, lorsque vous avez
pris la résolution de venir décerner vos récompenses dans la ville de Port-Sainte-Marie, dont
les titres à cette faveur se retrouvent glorieux
dans nos vieilles chroniques, et vous seront
bientôt révélés avec cette autorité qui appartient
à notre savant et honoré collègue, le Président
du Comice.

Vous avez voulu vous rapprocher davantage
de nos agriculteurs pour les raffermir dans leur
confiance d'un avenir meilleur, pour secouer
certains préjugés, leur prodiguer vos encouragements et vos conseils, et pour les initier,
par la puissance de l'exemple, aux meilleurs
procédés de culture, en décernant des primes à
ceux d'entre eux que vous avez jugés les plus
méritants.

La bonne direction de l'instruction pri-
maire, la tendance positive de l'époque ou
nous vivons vers la satisfaction des intérêts mo-
raux et matériels; les progrès naturels de la
civilisation; l'esprit d'imitation, l'échange des
idées auxquels tant de voies nouvelles et faciles
de communication imprimeront un essor irré-
sistible; toutes ces causes, en améliorant la condition des cultivateurs, auront de l'influence

sur l'accroissement de la population et sur le perfectionnement de l'agriculture.

Le moyen le plus puissant, celui dont l'action se ferait sentir immédiatement, se trouverait, sans nul doute, dans les encouragements émanés des Comices. Et, en effet, on attendrait en vain de cultivateurs illettrés des efforts dont il ne leur est pas donné de mesurer la portée.

C'est à nous, Messieurs, à donner l'exemple : appelons à notre aide tous les hommes éclairés; invitons-les à entrer dans une arène pacifique, où les distinctions et les haines de parti doivent disparaître pour se confondre dans un but commun, le bien-être des populations. Inspirons le goût de cette vie des champs qui procure des jouissances si pures et qui seule peut donner au précepte l'autorité de l'expérience et l'ascendant de la persuasion.

Gardons-nous toutefois d'attaquer de front les usages reçus en agriculture. Ils ont souvent un côté respectable comme héritage de famille. Il convient donc de ne jamais proposer de changements qu'avec une sage réserve. Autant on doit se montrer éloigné des traditions d'une aveugle routine, autant au moins doit-on ne pas se laisser éblouir par des théories décevantes, qui ne laisseraient après elles que de ruineuses déceptions.

Tout a été dit, et depuis longtemps, Messieurs, sur le but et l'utilité des Comices. S'ils sont encore loin d'avoir produit chez nous des améliorations importantes, ne suffit-il pas que l'institution en soit susceptible pour que les vrais amis de l'agriculture lui prodiguent leurs encouragements? Les avantages qu'ils procurent devant tourner naturellement au profit des populations rurales, on ne saurait assez les appeler à en faire partie, à venir aux séances mensuelles soumettre les résultats de leur expérience et s'éclairer aux lumières d'une discussion toujours bienveillante et consciencieuse.

Les Comices forment comme un lien entre les amis de l'agriculture. C'est dans leur sein que chacun enseigne et que chacun apprend à son tour. Il n'est besoin là d'aucun artifice de langage. Les observations faites de bonne foi, rapportées simplement, avec l'autorité de l'expérience, sont toujours les mieux accueillies. Rassurez-vous donc et venez à nous, vous que trop de défiance en vous-même a retenus jusqu'à ce jour. A-t-on jamais exigé des membres d'un Comice agricole qu'ils fussent académiciens?

Aussi est-il permis d'espérer que ces institutions prendront au milieu de nos populations rurales l'importance qu'elles ont acquise dans un département voisin, sous la haute et pater-

nelle influence d'un prince de l'église éminent,
et soutenues par les enseignements d'un professeur d'agriculture plein d'expérience et de sa-
voir, que nous remercions d'avoir bien voulu
répondre à notre appel.

Il me semble, en effet, que je vois une ère
nouvelle surgir; et cette foule avide de vos
enseignements nous dit assez ce que nous devons attendre désormais, sous l'égide d'un gouvernement protecteur, de l'avenir de nos réunions.

Honneur donc à vous, Messieurs, véritables
promoteurs du progrès! Au nom de notre population, le corps municipal salue avec espoir
et bonheur votre présence au milieu de nous !
Nous aimons à y voir l'aurore d'un beau jour
que signale déjà l'assistance du poète aimé, du
poète populaire, dont la muse, toujours jeune,
s'inspirera de cette solennité.

Et nous sommes heureux de la présence du
sexe dont le gracieux privilége est de tout em-
bellir et de tout animer. C'est aux dames à
rendre plus doux et plus précieux, en s'y asso-
ciant, les éloges que nous allons décerner. Et
plus heureux encore serons-nous, s'il en est
parmi elles dont le jury des récompenses ait
distingué les travaux et que nous ayons à cou-
ronner !

IV

DISCOURS

DE

M. CAZENOVE DE PRADINES,

PRÉSIDENT DU COMICE.

MESSIEURS,

Nos pères parlaient moins, écrivaient moins
sur l'agriculture; il est probable, aussi, qu'ils
la savaient moins que nous. Mais c'est une
erreur de croire (malheureusement cette erreur
est commune) qu'ils négligeaient et méprisaient
l'art qui nourrit les hommes. La vérité est, au
contraire, qu'après la profession des armes,
celle qu'ils estimaient le plus était celle du laboureur. Un gentilhomme dérogeait, en quit-
tant son épée pour tout autre instrument
de fortune; il restait noble en conduisant la
charrue.

Le catholicisme s'associait à ces idées, ou
plutôt il les avait inspirées. Nous admirons ces

Religieux fervents qui, de nos jours, ont établi *des fermes-modèles* à la Meilleraie, à Staouëly ; nous nous étonnons presque de leur infatigable dévouement ; et beaucoup de nous ont oublié que l'agriculture française fut créée par les moines ; que le bras puissant de la religion a partout défriché nos landes et nos forêts. Chaque couvent qui s'élevait autrefois, fut, d'abord, une colonie agricole. Quel exemple encourageant pour le laboureur de voir ses rudes outils maniés par des mains où Dieu venait de descendre !

Ce n'est pas dans notre département qu'il est nécessaire de rappeler l'amour d'Henri IV pour les paysans. Un grand poète, présent à cette séance, a gravé sur le marbre cet éternel souvenir. Son ministre Sully, disait que « labourage et pâturage étaient les deux mamelles de l'État. » Quelle définition plus grande, plus naïve et plus exacte, fut jamais donnée de l'agriculture !

A cette même époque, Olivier de Serres, presque notre compatriote, écrivait ses immortelles leçons d'agriculture, par ordre d'Henri IV. Ce roi se plaisait, dit notre Scaliger, à se faire lire, à l'issue de son dîner, quelques pages du patriarche des agronomes.

Olivier de Serres, le Languedocien, avait été devancé dans la science culturale par un Agenais dont les œuvres artistiques, savantes et littéraires, sont devenues une des gloires de la France. Bernard Palissy a traité *des sources, des amendements du sol, de la marne, des fumiers.*

Si nous remontions plus haut, nous verrions la culture de la vigne parvenue déjà, il y a quatre siècles, à un degré voisin de la perfection, dans l'Agenais et surtout dans le Bordelais. Avec les vins de Gascogne, le roi Louis XI sut endormir la politique anglaise et arrêter le choc d'une armée, toute prête à envahir la France. L'ivresse de nos vins leur parut meilleure que celle de la gloire. Nos voisins remontèrent sur leurs vaisseaux, couronnés de lierre.

N'oublions pas, non plus, qu'assez près de nous était placé le fameux *Pays de Cocagne,* pays qui a dû son nom à ses riches cultures, principalement à ses *coques* de safran qu'il nous enseigna à préparer.

Ce qui valait mieux encore que les leçons données aux laboureurs, c'étaient les priviléges qui leur étaient accordés. Parmi plusieurs autres, un de ces priviléges nous a particulièrement frappé. Dans les terres du souverain du Béarn, chaque chef de famille avait, par une charte écrite, le droit : 1° de couper dans les forêts du seigneur son bois de chauffage; 2° de

nourrir toute l'année sur ses pâturages deux
têtes de gros bétail. C'était, au moins, une
rente en nature de deux cents francs que le seigneur payait à chacun de ses vassaux. Telle
fut, Messieurs, la méthode d'encourager l'agriculture, au moyen-âge. Au dix-neuvième siècle,
nous faisons et devons faire autrement, mais je
n'oserais pas dire que nous faisons mieux.

Quand on étudie ce moyen-âge, longtemps
dédaigné, on est surpris des grandes entreprises
agricoles menées par lui à bonne fin, devant
lesquelles nous reculerions aujourd'hui. Une
maladie contagieuse avait dépeuplé une portion
considérable de notre département ; le sire d'Al-
bret y conduit une colonie de cultivateurs sain-
tongeois et rend ainsi à la charrue un territoire
menacé de devenir infécond : ces étrangers, qui
vivent encore au milieu de nous, reçurent nos
mœurs et nos coutumes ; ils n'ont rejeté que
notre langage. Depuis cinquante ans, on a parlé
beaucoup de reboiser nos montagnes, qui n'en
restent pas moins dénudées ; les grands-pères de
nos grands-pères semaient silencieusement ces
forêts de chênes-liéges, à la lente et difficile
croissance, où l'on ne moissonne presque qu'au
bout d'un siècle. Que leurs neveux enrichis se
souviennent au moins avec reconnaissance du
labeur intelligent et désintéressé de ces races
écoulées !

Lorsqu'un Italien vint reproduire en France
les merveilles de la grande irrigation, notre
Gascogne en jouissait depuis environ mille ans.
C'est au roi Alaric et au canal qui porte encore
son nom, que la plaine de Tarbes doit ces arro-
sements multipliés, cause toujours renaissante
d'une fécondité qui ne se lasse jamais.

Je n'ai voulu citer, Messieurs, que des exemples donnés par notre agriculture méridionale,
et j'ajoute que, lorsqu'un ministre, Gascon
comme nous et, comme nous, agriculteur pratique, M le duc Decazes institua, dans les premières années de la Restauration, les Comices
agricoles, le moyen-âge avait placé à côté de
lui, dans son département et dans le nôtre,
l'exemple de nos réunions, exclusivement cul-
turales, où dans une fête joyeuse, l'agriculture
se plaît à rassembler et à mêler ses enfants.

C'est ainsi qu'au château de Verduzan, dans
la commune d'Aillas, arrondissement de Bazas
(je dois ces curieuses recherches à l'habile professeur d'agriculture de la Gironde que nous
voyons avec tant de plaisir au milieu de nous),
le seigneur avait établi une solennité agricole
qui fut célébrée jusqu'à la révolution.

L'histoire et même la poésie ont consacré un
souvenir qui nous touche de plus près et dont
l'importance est plus grande.

Il y a plusieurs siècles, une cité de l'Agenais,

« dans un canton (je cite textuellement un ju-
dicieux et savant annaliste, M. de Saint-Amans),.
dans un canton où l'agriculture fut toujours
plus honorée que dans les cantons voisins, »
avait institué une fête agricole qui se célébrait
tous les ans devant une église consacrée à Saint-
Clair.

L'auteur du *Poème des Mois* a rappelé cette
solennité et le seigneur qui l'avait établie. Le
nom de ce seigneur, la fête, l'église où on la
célébrait, sont effacés depuis longtemps; mais
cette cité de l'Agenais subsiste, Messieurs, et
c'est *Port-Sainte-Marie ;* ce canton *où l'agriculture fut toujours plus spécialement honorée,* c'est celui où le Comice d'Agen va décerner aujourd'hui ses premières couronnes.

Monsieur le Maire, et vous Messieurs les Con-
seillers municipaux de cette ville, lorsque, après
tant d'années, l'Agenais retrouve ses solennités
agricoles, vous avez pu les réclamer comme
une portion de l'héritage de vos pères. L'agriculture aussi a ses titres de noblesse; la vôtre
est écrite dans nos antiques annales, et si l'histoire l'avait oubliée, nous la retrouverions
imprimée sur votre sol.

Votre culture, en effet, du moins celle d'une
partie de votre riche plaine, est une culture
presque exceptionnelle, celle que le savant abbé

Rozier élevait au-dessus de toutes les autres. Vos mains laborieuses ont résolu ce qui reste un problème pour la science agronomique : *le profit de la culture à la bêche des céréales.* De vos sillons, où la main de l'homme a seule passé, vous avez su faire d'immenses jardins de froment et vos produits nets dépassent de beaucoup les produits nets des agricultures étrangères les plus vantées.

L'Angleterre, malgré les immenses capitaux dont elle dispose, malgré ses puissantes machines, malgré ses nombreux troupeaux, avec l'aide des engrais qu'elle importe, n'est pas parvenue à faire rapporter à l'hectare plus de 150 fr. de produit net pour le propriétaire, *dans son agriculture la plus perfectionnée,* selon les calculs les plus favorables, ceux de M. Léonce de Lavergne. Un autre agronome, non moins habile, M. Payen, réduit beaucoup ce chiffre.

Pour vous, *simples bêcheurs* de Port-Sainte-Marie et d'Aiguillon, ce chiffre peut être facilement doublé, car, lorsque vous avez acheté un hectare de terre jusqu'à 12,000 fr., vous savez que cet hectare paiera l'intérêt du capital à 3, à 4, quelquefois même à 5 p. %, si votre travail ne fait pas défaut à sa fécondité naturelle.

Quelle culture, Messieurs, que celle qui pri-

mitive ou perfectionnée (peu importe le nom
qu'on voudra lui donner) sans autre instrument qu'un pied carré de fer, laisse si loin derrière elle les plus beaux résultats qu'obtient la
science agricole secondée du génie de l'industrie.

Aux justes éloges que j'ai dû donner à cette
partie importante de votre agriculture, une autre voix, organe de notre Commission d'examen, ajoutera tout-à-l'heure de prudents conseils qu'il convient de ne pas négliger. Faire
bien n'est pas assez : tant que le mieux est pos-
sible, nous devons résolument le poursuivre ;
mais sachons le poursuivre dans le droit chemin. Pour vous, Messieurs, je ne crains pas de
le dire, le mieux se trouvera rarement dans les
innovations ; vous avez, surtout, à suivre, en
les perfectionnant, les enseignements de vos
pères.

V

DISCOURS

DE

M. FÉLIX AMBLARD,

VICE-PRÉSIDENT DU COMICE

~~~~~~~

MESSIEURS,

Le Comice de l'arrondissement d'Agen date à peine de trois années, et déjà il lui est permis de se féliciter de l'essor que l'agriculture a pris sous son influence. Si le mouvement n'est pas encore aussi étendu, aussi général que nous le souhaiterions, nous devons cependant concevoir de grandes espérances pour l'avenir.

En tête du progrès agricole marchent des hommes d'élite et de haute position. Leur nombre n'est pas considérable; mais leurs noms ont du poids dans la balance de l'opinion publique. Notre Comice est heureux d'avoir à proclamer le mérite de deux d'entre eux, dans ces contrées auxquelles ils appartiennent et qu'ils honorent.

Ils sont l'honneur du pays, en effet, et ont
des droits à sa gratitude, ces hommes éclairés
et de bonne volonté qui tournent leurs efforts
vers l'accroissement des produits de la terre.
Ils ont senti qu'ils avaient mieux à faire que de
rester les bras croisés ; qu'une noble mission
leur était imposée, celle d'être utiles à leurs
semblables en s'oubliant eux-mêmes ; ils savent
que l'alimentation des masses est le plus urgent
besoin de notre époque, que depuis longtemps
les céréales récoltées en France ne suffisent
point à sa population : ils n'ont pas hésité à
porter de ce côté leurs préoccupations, leur activité, leur zèle : résolution louable qui aura
infailliblement pour résultat de nous délivrer
de vives sollicitudes, de grands périls peut-
être.

L'extension, le perfectionnement de l'agriculture sont d'une immense importance. L'agriculture constitue la plus vaste des industries :
les bras ne lui sont jamais à charge ; elle a de
la place pour tous, même malgré les machines,
qui lutteront toujours en vain contre le fini du
travail de main d'homme ; elle est la plus essen-
tielle, la plus nécessaire, la plus vitale des industries. Nul ne peut se passer d'elle, elle a en
elle l'existence de chacun ; nous sommes tous
également ses obligés ; devant elle disparaissent
les privilèges et les castes : car elle est la mère

commune dont le sein nous nourrit tous, sous
diverses formes, de la même substance. L'agriculture renferme aussi en elle la paix des États
et leur indépendance : si elle abonde, les masses restent calmes et tranquilles ; si elle manque,
les masses s'inquiètent, s'agitent, se jettent dans
le désordre et l'émeute ; si elle abonde, les États
se suffisent à eux-mêmes ; si elle manque, ils
deviennent, coûte que coûte, tributaires de
l'étranger. Ainsi, l'agriculture n'est rien moins
que l'intérêt national à son plus haut degré,
puisqu'elle porte en elle la sécurité du dedans
et l'affranchissement vis-à-vis du dehors.

Il faut donc rendre grâces à ces propriétaires
si bien inspirés, qui consacrent leurs pensées et
leurs efforts au développement du progrès agricole. Applaudissons au désintéressement non
équivoque qui les anime ; les essais, les innovations agricoles exigent de considérables dé-
boursés : ces hommes dévoués ne reculent pas
devant des sacrifices énormes, quoique la compensation, incomplète souvent, n'arrive jamais
qu'à long terme ; applaudissons à leur patience.
que n'effraient ni les difficultés ni les obstacles ;
applaudissons à l'usage, profitable pour la société, qu'ils font de leur temps, de leurs facul-
tés, de leur intelligence, de leurs lumières.

Notre Comice a la rare et bonne fortune de
compter, parmi les principaux lauréats de cette

année, une dame. Oui, une dame agronome. Ce
fait doit nous édifier et non nous étonner. Les
dames ont souvent prouvé que, sans dépouiller
les grâces, les vertus, aimable apanage de leur
sexe, elles pouvaient prendre des résolutions
énergiques et viriles; elles ont prouvé qu'au-
cune aptitude ne leur était étrangère. Plus d'une
fois la femme s'est posée en émule de l'homme,
et celui-ci n'a pas toujours remporté le prix
de la victoire. Qui ignore tout le bien que peut
faire une femme, quand elle le veut?

Oui, une dame agronome. Qu'on ne se figure
point que la délicatesse des formes nuise chez
les dames à l'autorité du commandement; elles
savent se faire obéir. Outre que souvent on
rencontre en elles une grande force de caractère, elles ont l'art et le don de faire autant et
même plus par l'aménité de leur parole, par
leur adroite insinuation, que l'homme par sa
grosse voix et son air sévère. Il est d'ailleurs à
remarquer que le vigoureux travailleur des
champs tient beaucoup du naturel docile du
puissant animal qui partage ses sueurs, et dont
un enfant, aux mains débiles, peut dire avec
plus de vérité que l'insecte fanfaron de la fable :
« Je le mène à ma fantaisie. »

Pourquoi donc les dames ne tenteraient-elles
pas aussi de rendre les champs plus féconds?
Cette tâche n'est point indigne de leurs soins.

Elle doit d'autant plus leur sourire, qu'elle est
en harmonie avec les plus précieux sentiments
de leur cœur, la bonté et la compatissance.
L'amélioration, la prospérité de l'agriculture,
c'est l'alimentation abondante, facile, à bon
marché, des deshérités des biens de ce monde ;
c'est le soulagement des malheureux ; c'est la
charité, en un mot. Et la charité n'est-elle pas
surtout le domaine et la prédilection de la
femme? N'est-ce pas dans la mise en œuvre de
cette vertu divine que la femme se révèle sous
le jour le plus admirable, et trouve, comme
rémunération, ses plus ravissantes heures. Ah !
si déjà les dames goûtent une si douce joie
lorsqu'elles vont, anges consolateurs, porter
au réduit de l'infortune la nourriture qui y
manque, combien leurs émotions seraient plus
vives et plus délicieuses encore, si elles distri-
buaient aux pauvres le pain obtenu d'un champ
fertilisé sous leur direction et leur surveillance.

Rien ne saurait donc empêcher les dames,
tout doit les presser, au contraire, d'imiter le
noble et salutaire exemple auquel notre Comice
rend hommage dans cette solennité.   .

Mais c'est surtout par les hommes que nous
voudrions voir cet exemple suivi.

Combien de propriétaires encore négligent le
soin de leurs biens et les livrent à l'indolence de
colons insouciants. Qu'ils secouent enfin leur

apathie; qu'ils se souviennent que le travail est
la loi et le devoir de la vie. En notre siècle, le
désœuvrement n'est plus une prérogative, il
n'est qu'une flétrissure. Chacun , dans sa
sphère, est moralement obligé d'être bon à
quelque chose. C'est l'unique moyen de se dis-
tinguer et d'acquérir la considération.

L'agriculture et ses produits sont le plus
grand bienfait de la Providence. Voyez dans
quel trouble, dans quelle anxiété nous tom-
bons lorsque les fléaux et les cataclysmes nous
enlèvent ce bienfait. Tout possesseur de terres
qui, selon sa part et ses loisirs, ne travaille pas
à le continuer, à le perpétuer, et qui le laisse
périr entre ses mains, est coupable devant ses
frères, devant le pays, devant Dieu.

Espérons des jours plus florissants pour
l'agriculture. Lorsque l'impulsion est donnée
par des notabilités comme celles auxquelles le
Comice s'apprête à décerner ses décorations,
leur initiative doit nécessairement finir par sti-
muler, par entraîner les retardataires. Désormais nul ne pourrait, sans honte, s'obstiner
dans l'immobilité.

Il est un autre mal à guérir. Un fâcheux préjugé règne dans nos campagnes. La plupart des
cultivateurs s'imaginent que leur industrie est
inférieure à toutes les autres, qu'elle occupe le
dernier échelon des professions manuelles ;

qu'elle est dédaignée parce qu'elle est humiliante. Et, cette idée les tourmentant, les poussant, ils n'aspirent qu'à changer de condition, qu'à déposer les instruments aratoires, qu'à les ôter des mains de leurs enfants.

Ce préjugé n'est pas de date moderne. Notre Palissy le combattait de son temps ; permettez-moi d'emprunter un moment le langage dans lequel il lui faisait la guerre : « Je m'esmerveille d'un tas de fols laboureurs, que soudain qu'ils auront un peu de bien qu'ils auront gagné avec grand labeur en leur jeunesse, ils auront après honte de faire leurs enfants de leur état de labourage , ains les feront au premier jour plus grands qu'eux-mêmes , les sortant communément de la pratique, et ce que le pauvre homme aura gagné à grand' peine, il en va dépenser une grande partie à faire son fils *monsieur*, lequel *monsieur* aura enfin honte de se trouver en compagnie de son père et sera desplaisant qu'on dira qu'il est fils de laboureur......... Chose malheureuse! » ajoute Palissy.

Chose malheureuse! répéterons-nous après lui ; car ces dégoûtés, ces déserteurs du travail agricole vont le plus souvent perdre, dans la corruption des villes, leurs qualités natives, leur bien-être , et grossir les rangs de la paresse et du désordre.

Demeurez aux champs, braves laboureurs,
gardez vos fils auprès de vous : le plus sûr héritage que vous puissiez leur transmettre, c'est
votre industrie. Par cette conduite, vous les
préserverez de grands dangers ; et ne craignez
pas de leur fermer l'accès au titre de *monsieur*,
pour parler comme Palissy ; beaucoup ne le
doivent qu'à l'activité et à l'intelligence qu'ils
ont déployées dans la culture de leurs terres.
Aujourd'hui, tout travail utile rehausse la valeur
de l'homme. Le vôtre est aussi apprécié, aussi
honoré que tout autre. S'il en était autrement,
vous ne verriez point des propriétaires recom-
mandables prendre part à ce travail et diriger
l'exploitation de leurs domaines. Croyez-vous
qu'ils consentiraient à descendre de leur position et à s'amoindrir ? Non, ils ne dérogent pas
en s'occupant d'agriculture : loin de là, ils donnent à leurs noms un nouveau lustre.

Faut-il d'autres témoignages pour vous ras-
surer ? Un homme célèbre, autant par son bon
sens et par la rectitude de son jugement que
par son génie, Franklin a dit : « Le laboureur
« à la charrue est plus haut que le gentil-
« homme oisif à la cour. » Voilà vos lettres de
noblesse ; l'opinion publique les sanctionne. Ne
vous suffisent-elles pas ?

N'en doutez pas, habitants des campagnes,
nous vous prisons comme vous le méritez,

nous vous rendons la justice qui vous est due.
Nous estimons votre sobriété, votre inté-
grité; nous estimons votre constance à sup-
porter les durs travaux et les rigoureuses sai-
sons; nous vous aimons, nous aimons vos
familles, parce que c'est encore au milieu d'elles
que se conserve le plus fidèlement le trésor de
la chasteté, de la pureté des mœurs, des vertus
domestiques.

A l'occasion, nous sommes fiers de vous.
N'est-ce point vous qui fournissez les plus
nombreux guerriers à nos valeureuses armées?
Ne sont-ce point vos fils, vos frères, vos parents,
qui viennent d'ajouter à notre histoire de si
brillantes pages?

Un poète, Vanière, a pu dire des Romains:
« Leurs actifs laboureurs se métamorphosaient
en soldats intrépides, ne fléchissant ni sous
les privations ni sous les fatigues ni sous les
intempéries; Rome dut à leurs bras la con-
quête du monde; les Scipions, ces deux fou-
dres de guerre, cultivaient la terre; les mêmes
mains qui creusaient les sillons, renversaient
les citadelles de Carthage. »

Ne pouvons-nous pas en dire autant et davantage de nos laboureurs, devenus de si vail-
lants soldats? Combien d'entre eux ont pris
part à notre dernière et si terrible guerre!
Beaucoup ont succombé, et bien des sanglots

ont dû se mêler à nos cris de triomphe. Mais quel honneur, quelle gloire pour tous d'avoir concouru à rabattre l'orgueil d'une cité insolente, qui, derrière ses remparts et ses forteresses, se vantait d'être imprenable !

Travailleurs des champs, race d'hommes généreuse et forte, cessez de vous méconnaître, ne vous rabaissez point à vos propres yeux, ayez une digne opinion de vous-mêmes. Nous vous devons tour-à-tour les moissons et les victoires : toute notre gratitude, toutes nos sympathies vous sont acquises, au double titre de pères-nourriciers et de défenseurs de la patrie.

Ceux d'entre vous qui auront survécu à nos combats, ramenés dans leurs foyers par la paix due à leur courage, reprendront leurs premiers travaux, leurs premières habitudes. La bêche et la faulx ne seront pas moins respectées entre leurs mains que le fusil et le sabre; les armes du travail ne terniront jamais l'éclat ni de la médaille militaire ni de la croix d'honneur ; le laboureur vaut le soldat.

Il n'est point de carrière aujourd'hui où l'on ne puisse conquérir l'affection des peuples et la célébrité. Toutes les gloires sont sœurs et vivent en parfait accord ; ou plûtôt il n'y a qu'une seule et même gloire : elle consiste à faire du bien en passant, à se dévouer aux intérêts des sociétés, dans quelque poste, dans quelque état, sous quelque costume que ce soit.

Depuis longtemps s'élevait, isolée, sur la place de Nancy, la statue du roi Stanislas, qui, en qualité de duc de Lorraine et de Bar, avait, par ses largesses, doté la ville d'améliorations considérables, d'importants établissements ; plus tard, à côté de la première, on a érigé une statue au général Drouot, ce guerrier chrétien, esclave du devoir, surnommé, comme Bayard, *le chevalier sans peur et sans reproche ;* tout récemment, une troisième statue a été dressée près des deux autres : c'est celle de Mathieu de Dombasle, qui consacra sa vie à augmenter la richesse agricole de son pays, plûtôt que sa propre fortune.

Quoique les éminents services par lesquels ils se sont signalés diffèrent de nature et de genre, la foule empressée et reconnaissante entoure d'une égale vénération et des mêmes hommages le prince bienfaisant, l'illustre général, le savant agronome.

4

RAPPORT

SUR

LES TITRES DES CONCURRENTS AUX PRIX DU COMICE,

PAR

M. LE DOCTEUR SALSE,

SECRÉTAIRE - ADJOINT.

Les deux cantons d'Agen et celui du Port-Sainte-Marie étaient désignés, cette année, pour recevoir les primes distribuées par le Comice. Un grand nombre de concurrents se sont présentés.

Nous allons, par ordre de mérite, vous signaler ceux qui se sont montrés dignes des récompenses promises.

Le premier paragraphe du programme promettait une prime aux exploitations ayant la plus forte proportion de cultures fourragères, à celles qui remplissent les conditions d'une bonne culture.

Cette prime a été partagée entre six concurrents.

M. DE LAROQUE, à Lassalle, commune de Bazens, dirige lui-même une exploitation de quarante hectares. Il prend pour base de son assolement la division triennale, sans la suivre rigoureusement, c'est-à-dire que, suivant la nature du sol et sa fertilité, il laisse pendant un temps indéterminé ses fourrages artificiels ou ses récoltes sarclées

Il entretient sur sa propriété vingt-quatre têtes de bêtes à cornes, une cinquantaine de moutons qu'il renouvelle presque tous les mois; quatre cochons de race anglo-française, et une grande quantité de volaille de basse-cour, de races croisées. Ses étables sont parfaitement tenues; l'air y circule librement; les trottoirs sont larges et propres; les marche-pieds n'y sont pas élevés outre mesure; les fumiers, ramassés dans une fosse maçonnée et cimentée, sont arrosés au besoin avec le purin qui s'écoule sur le côté de la fosse dans un réservoir aménagé à cet usage.

Le drainage a été employé chez lui sur une grande échelle et suivant les principes indiqués dans les traités spéciaux. Ainsi, M. de Laroque ne se contente pas de placer des tuyaux partout où son champ paraît humide; il fait des

tranchées de 0,75ᶜ à 1ᵐ de profondeur et à 10
ou 15ᵐ de distance, place dans ces tranchées des
tuyaux secondaires qui viennent de loin en loin
se dégorger dans des tuyaux plus forts. Le drainage d'un hectare lui coûte 250 fr.; il a déjà
drainé 10 hectares.

Les produits de la propriété ont suivi une
marche croissante. Sur des terres de coteau
et de qualité secondaire, M. de Laroque obtient
20 hectolitres par hectare et 16 à 17 hect. pour
un de semence ; il plante tous les ans 14 mille
pieds de tabac. Nous avons vu chez lui une
plantation de pruniers et de vignes dont la
végétation témoigne des soins qu'on a mis à la
préparation du sol.

Ses prairies sont arrosées d'après un système
d'irrigation qui lui permet à volonté de mettre
l'eau dans telle ou telle partie; ses pâturages
sont toujours frais et abondants. Enfin, ses
vins sont soignés avec intelligence ; décuvés
avant la fermentation acide, ils sont toujours
mis, à la sortie de la cuve, dans des barriques
neuves , et puis ouillés et soutirés en temps
opportun.

Cette exploitation nous a paru réunir toutes
les conditions désirées : assolement raisonné ,
prairies artificielles étendues, étables bien tenues, fumiers bien traités, irrigations, drai-

nage, et enfin, autour du corps d'exploitation , de l'ordre, de la propreté.

Le Comice a adjugé à M. de Laroque une médaille d'or du prix de 200 fr.

M. Tourtonde suit de très près M. de Laroque. M. Tourtonde est propriétaire à Ventamil, commune d'Aiguillon.

Sa propriété se compose de 50 hectares , dont la moitié seulement est en terre labourable.

Cette propriété, placée au sommet le plus élevé du plateau qui domine Aiguillon, est, par conséquent, dépourvue de pâturages. Il serait impossible d'y entretenir du bétail de croît. L'assolement de la propriété, qui est triennal , permet cependant à M. Tourtonde de faire une grande quantité de prairies artificielles, dont les produits sont vendus et remplacés par des fumiers achetés dans les écuries d'Aiguillon.

Dans les trois corps d'exploitation qui composent la propriété de Ventamil, on ne nourrit que 12 à 14 têtes de gros bétail. Tous ces animaux sont destinés au travail. Une des principales causes de la prospérité de ce domaine, ce sont les labours, les labours profonds.

M. Tourtonde laboure ses guérets avec la charrue Dombasle à 0,30ᶜ de profondeur. Au moment de notre visite, nous avons trouvé les blés sur pied ; les épis avaient une moyenne de 10ᶜ de longueur.

Cette propriété, cultivée par des métayers, qui ne donnait, il y a 25 ans, que 15 à 18 hectolitres par hectare, donne aujourd'hui 30 hect. sur la même qualité de terre.

M. Tourtonde cultive sur sa propriété 40 mille pieds de tabac ; il a exclu le maïs-fourrage et les maïs de graine. De vastes luzernières remplacent pendant l'été les fourrages épuisants pour la nourriture en vert.

Nous signalerons une particularité qui nous a frappés. Le propriété de Ventamil est divisée en compartiments comme un vaste jardin. Chaque compartiment est dessiné par une double rangée d'arbres fruitiers, qui permet en toute saison de parcourir librement le domaine. Cet espace est utilisé par des prairies artificielles qui s'étendent dans la pièce à 2 ou 3ᵐ à côté de l'allée de fruitiers, et ont le double avantage de fournir des fourrages et de préserver le tronc et la racine des arbres contre les atteintes des instruments aratoires.

Le Comice accorde à M. Tourtonde une médaille d'or de 150 fr.

Nous sommes heureux de pouvoir annoncer que, dans ce concours, le Comice a déféré la troisième médaille en or à une dame, à Madame LABAT.

La propriété de Cambes, aux environs d'A-gen, jouit d'une réputation bien méritée; ses belles eaux, ses charmilles, ses bois et ses ro-chers, le coup d'œil ravissant dont on y jouit, suffiraient pour en faire une des plus belles résidences. Mais une métairie. *Martel*, voi-sine de la maison de maître, laissée presque en friches, d'un rendement médiocre, n'ayant qu'une étable mal garnie, déparait un domaine d'un aspect si beau et si heureusement situé. Les goûts et les études littéraires de M. Labat, se rattachant à ses anciennes occupations, ne lui permettaient pas de suivre avec assez de persis-tance les améliorations agricoles qui se sont produites cependant sur ses propriétés près de Nérac, où ses métayers ont recueilli plusieurs primes. Mme Labat s'est vouée résolument à la direction personnelle des travaux rustiques dans la métairie que nous signalons.

Elle a sous ses ordres des domestiques qui exploitent 35 hectares de terre d'assez médio-cre nature; 27 hectares sont en terres labou-rables, 9 hectares sont en vignes, 2 hectares en prés naturels. L'assolement est triennal et chaque sole est divisée en trois portions. Un tiers des terres arables est consacré aux prairies ar-tificielles ; on entretient sur la propriété 16 têtes de bétail ainsi classées : 1 paire de bœufs, 3 paires de vaches et 8 élèves. On y nourrit deux cochons.

La propriété, qui ne rendait autrefois que cinq à six pour un, donne aujourd'hui 12. Cet accroissement de rendement est dû à l'assolement triennal qui permet de nourrir une plus grande quantité de bétail, aux labours profonds et aux transports de terre que l'on fait tous les ans en grande quantité.

Les étables faites à neuf sont construites dans de bonnes conditions; des fosses et des hangars sont ménagés pour la conservation des fumiers.

Le Comice accorde à Mme Labat une médaille d'or du prix de 100 fr.

Trois médailles d'argent de la valeur de 25 fr., ont été accordées, l'une à M. MAILLÉ, propriétaire, à Chantilly, commune de Foulayronnes.

L'autre à M. ACHÉ, à l'Anglade, commune de Clermont-Dessous.

La troisième, à M. BREIL, *Hippolyte*, à la Faourasse, commune de Foulayronnes.

S'il fallait une preuve de plus pour appuyer cette assertion que les prairies artificielles, les bons labours et la succession de récoltes variées amènent toujours un grand accroissement dans

les produits, nous vous citerions la propriété
de M. Maillé, dont les blés étaient bien supérieurs à tous ceux de ses voisins.

Le Comice accorde les deux médailles à
MM. Aché et Breil pour les récompenser du zèle
qu'ils montrent dans la culture de leur propriété et les encourager à poursuivre leurs
travaux.

L'article 2ᵐᵉ du programme était ainsi conçu :

Récompenses aux serviteurs ruraux. — La
bonne conduite, l'ancienneté des services,
l'amour et la bonne exécution du travail don-
neront droit à ces récompenses. — Serviteurs
et servantes, et avec eux métayers et métayères,
sont admis à concourir. — Des primes spéciales
seront données pour les sarclages.

Le Comice a récompensé plusieurs métayers
ou serviteurs ruraux. Il a accordé à chacun
une médaille d'argent de 10 fr. et quarante
francs d'argent.

En première ligne, nous signalerons *Jacques*
Deluc, métayer chez M. Conté, à Cassany,
commune de Port-Sainte-Marie, qui a adopté
l'assolement triennal. Il fait tous les ans 1,500
voyages de terre, cultive 12,000 pieds de tabac ; mais ce qui mérite le plus d'attirer votre
attention, c'est qu'il est le premier métayer de
ces contrées qui ait adopté des modifications à

la culture ancienne. Il comprend la valeur de l'assolement qu'il met en pratique et n'a eu besoin pour l'adopter du conseil de personne. Homme intelligent, il est à la fois la tête et le bras de son exploitation.

Mathieu BOUCARD, chez M. Gaubert, à La-fleyte, commune du Pont-du-Casse, et *Pierre* TREIGNAC, chez M. de Gabriac, à Sardines, commune de Bourran, sont deux métayers que le Comice récompense avec plaisir. Il nous suffira de signaler LUCANTE, *Vincent*, chez M. de Laffore, à Lalande. Déjà connu dans un précédent concours, ce jeune homme s'est représenté cette année, et nous n'aurions qu'à répéter les éloges qu'il a reçus il y a deux ans.

Nous avons à signaler BOÉ, *Jean*, domestique chez M. Gaubert, à Lafleyte, et *Marc* DONNEFORT, domestique chez M. Escadafals, à Reyssac, commune de Bon-Encontre, pour l'ancienneté de leurs services, l'amour et la bonne exécution du travail; ainsi que *Jean* TOURRÈS, aîné, et *Géraud* TOURRÈS, tous les deux domestiques chez Mme de Laroque, au Mestrot. Il nous serait facile d'attirer quelques instants votre attention sur ces deux domestiques, car, élevés dès leur bas-âge chez M. de Laroque, ils ont su, par une conduite régu-

lière, mériter sa confiance ; ils ont été placés à
la tête de l'exploitation.

Il est temps de parler de la femme *Marie*
SAINT-MARTIN, veuve CAMICAS, métayère au domaine de Belair, commune du Passage.

Si nous la plaçons ici la dernière, ce n'est
pas que ses mérites soient inférieurs à ceux de
ses compétiteurs, c'est au contraire pour dé-
tailler plus librement tout ce qui doit la distin-
guer. Je ne saurais mieux faire que de trans-
crire le rapport qui nous a été adressé par M.
Cazenove de Pradines.

« Marie Saint-Martin ayant eu le malheur de
voir son mari tomber de bonne heure complé-
tement infirme, l'a gardé sept ans dans une
incapacité absolue de travail. Elle était seule pour
conduire une grande métairie, pour soigner et
panser journellement un malade, pour élever,
nourrir, faire travailler cinq enfants dont le
plus âgé n'avait pas douze ans.

« Elle ne demanda à ses maitres que d'avoir
confiance en elle et de lui faire quelques avan-
ces qui, en peu d'années, furent fidèlement
remboursées. Le domaine de Belair, travaillé
par elle et par ses enfants, instruits au travail
par son exemple, a si bien prospéré que Marie
Saint-Martin a pu marier avantageusement ses

trois fils et ses deux filles; elle voit déjà deux
de ses petits-enfants mariés; et tous les membres de ces diverses familles, dont elle est
l'aïeule, ont été conservés à l'agriculture ; ils
sont au nombre de vingt.

« Marie Saint-Martin, depuis quarante ans,
est restée dans la même métairie dont elle a
cédé depuis longtemps la direction au second
de ses fils. A l'âge de quatre-vingts ans, elle
donne encore l'exemple d'une activité labo--
rieuse dans tous les travaux des champs. Sar-
cler, faner, scier les blés, etc..., pansement
des animaux, soins du ménage et des petits
enfants, elle s'occupe de tout, ne se refuse à
rien, si ce n'est au repos que sa famille lui re-
commande inutilement.

« Ayant parfaitement élevé ses enfants, elle
en trouve la récompense dans les soins et le
respect dont ils entourent sa vieillesse. »

Les 3ᵐᵉ et 4ᵐᵉ primes, attribuées au drainage
et aux irrigations, ont été confondues avec la
première et décernées à M. de Laroque.

La cinquième prime, attribuée à la culture du
chanvre, a été décernée à la femme *Marie* Basset, à l'Estache, commune de *Boé*.

C'est dans cette propriété, dirigée en grande
partie par la femme Marie Basset, que nous
avons vu les plus belles récoltes sarclées et les

chanvres les plus vigoureux, et nous devons
signaler en particulier les soins qu'apporte la
femme Basset à ses vastes champs d'oignons,
plante dont la culture, spéciale à ces contrées,
est pour la commune de Boé une des principales sources de la prospérité et du bien-être
dont elle jouit.

Le Comice décerne à la femme Marie Basset
une médaille d'argent de 10 fr. et 50 fr.

Comme l'année dernière, un concours d'arrondissement pour les plus belles vaches de
race Garonnaise a eu lieu, à Agen, le 9 juin
dernier.

29 vaches ont été présentées ; le Jury a été
très-satisfait de l'importance et de la beauté de
ce concours, et, après un examen mûrement
réfléchi, il a distingué sept animaux auxquels
ont été accordés les prix et les mentions honorables.

Les noms de leurs propriétaires vont être
proclamés à la suite des autres lauréats.

Je terminerai ce rapport par dire quelques
mots sur une culture qui, sans entrer dans le
cadre ordinaire des récompenses décernées par
les Comices, mérite cependant d'être signalée :
c'est la culture des fruits. Si la nature semble
faire tous les frais, dans quelques contrées,
pour la culture de certains fruits, il arrive

plus souvent qu'on ne triomphe de l'inaptitude
du sol que par du soin et du talent.

M. CAVAILLÉ cultive avec le plus grand succès
le chasselas dans sa propriété de La Capelette,
attenant à la ville de Port-Sainte-Marie. En
pénétrant dans cet enclos, si heureusement situé, on est frappé de l'ordre et de la parfaite
régularité de la plantation. Le terrain, de nature
argilo-calcaire, est exposé au midi. Le raisin est
cultivé en tonnelles et en palues, suivant l'u-
sage du pays.

On se rendrait difficilement compte de l'effet
que produisent en ce moment ces belles vignes,
chargées de raisins pleins de vigueur et de
santé, et dont un grand nombre doivent attein-
dre le poids de 500 grammes.

Les tonnelles ou palues sont très-espacées
entre elles. Si les pieds de vigne étaient rap-
prochés, ils ne couvriraient guère au-delà de
2,500 mètres superficiels, et cependant on es-
time que le rendement ne s'éloignera guère de
cinq mille kilogrammes; c'est là un produit
qui a quelque chose de surprenant à une époque où l'oïdium ravage nos vignobles; mais
M. Cavaillé, au moyen de soufrages multipliés,
exécutés par lui-même avec un soin et une per-
sistance infatigables, est parvenu à se rendre
maître de la maladie.

Le chasselas étant devenu une branche importante de revenu, on ne saurait assez engager
les cultivateurs à aller visiter les belles cultures
de M. Cavaillé.

VII

COMICE AGRICOLE

DE

L'ARRONDISSEMENT D'AGEN.

DISTRIBUTION DES PRIX ET MÉDAILLES EN 1856.

1. — *Pour les exploitations le mieux dirigées dans l'ensemble des travaux.*

1er Prix, médaille d'or de la valeur de 200 fr., à M. *Charles* DE LARROQUE, propriétaire, à *Lassale*, commune de Bazens, canton de Port-Sainte-Marie.

2e Prix, médaille d'or de la valeur de 150 fr., à M. TOURTONDE, propriétaire, à *Vintamille*, commune d'Aiguillon, canton de Port-Sainte-Marie.

3e Prix, médaille d'or de la valeur de 100 fr., à Mme LABAT, propriétaire, à *Cambes*, commune de Pont-du-Casse, canton d'Agen.

Médaille d'argent de la valeur de 25 fr.,
à MM. :

Maillé, à *Chantilly*, commune de Foulayronnes, canton d'Agen ;

Aché, à *Langlade*, commune de Clermont-
Dessous, canton de Port-Sainte-Marie ;

Breil, à *Foulayronnes*, canton d'Agen.

—

II. — *Encouragement spécial pour récompenser la moralité, l'amour du travail, l'ensemble des qualités qui constituent les
bons ouvriers agricoles.*

Médailles d'argent de 10 fr., plus 40 fr., à :

Jacques Deluc, métayer, à *Cassany*, chez
M. le docteur Conté, d'Aiguillon, canton de
Port-Sainte-Marie ;

Mathieu Boucard, métayer, chez M. Gaubert, aîné, à *Lafleyte*, commune de Pont-du-
Casse, canton d'Agen ;

Pierre Treignac, métayer, chez M. de Gabriac, à *Sartines*, commune de Bourran, canton de Port-Sainte-Marie ;

Vincent Lucante, chez M. Martial de Laffore,
à *Lalande*, commune et canton d'Agen ;

Jean Boé, domestique chez M. Gaubert, à
Lafleyte, commune de Pont-du-Casse, canton
d'Agen ;

Jean Tourrès et *Géraud* Tourrès, métayers chez Mme de Larroque, au *Mestrot*, commune et canton d'Agen ;

Marie Martin, veuve Camicas, métayère, à *Bel-Air*, commune du Passage-d'Agen ;

Marc Daunefort, domestique de M. Escada-fals, à *Reyssac*.

— —

III. — *Pour la culture du chanvre.*

Prix :

Mme *Marie* Basset, propriétaire, à *Lestache*, commune de *Boé*, canton d'Agen.

— —

IV. — *Concours de vaches.*

1re Prime, 120 fr., médaille d'argent, à M. *Pierre* Loze, métayer de M. Martinelly, à Agen ;

2me Prime, de 100 fr., médaille d'argent, à M. de Sevin du Pécile, propriétaire, à *Bazens*, canton de Port-Sainte-Marie ;

3me Prime, de 80 fr., médaille d'argent, à M. *Jean* Huchard, propriétaire, à *Saint-Ciry*, canton d'Agen ;

4me Prime, de 70 fr., médaille d'argent, à M. *Jean* Fabe, propriétaire, à Pont-du-Casse, canton d'Agen.

Mentions honorables et médailles d'argent de 10 fr., à MM. :

Barthélemy BASSET, à *Lestache*, commune de Boé;

Jean NÈGRE, à *Frégimont;*

Jean-Georges GAUBERT, à Agen.

VIII

LISTE PAR CANTONS

DES MEMBRES

DU COMICE AGRICOLE

DE L'ARRONDISSEMENT D'AGEN.

CANTON D'AGEN.

M. *Jules* Ducos, préfet de Lot-et-Garonne.

Monseigneur l'évêque d'Agen.

MM. *Henri* Noubel, député au Corps législatif, à Agen.

de Bony, maire d'Agen.

Lébé, Premier Président honoraire, à Agen.

Cazenove de Pradines, à la Garenne, commune du Passage.

MM. *Calvet*, à Agen.

Dumon, Sylvain, à Agen.

de Laffore, Martial, à Agen.

Bartayrès, père, à Agen.

Phiquepal-d'Arusmont, à Agen.

Goux, vétérinaire du département, à Agen.

Amblard, Félix, à Agen.

Duvigneau, Voldemar, à Agen.

Bartayrès, Sylvain, à Agen.

Sarramia, à Agen.

MM. *de Laffore*, Fortuné, à Agen.

Lauzun, à Agen.

Martinelly, Benjamin, à Agen.

Guizot, à Agen.

Verdier, architecte de la ville, à Agen.

Chaudeborde, aîné, à Agen.

Salse, médecin, à Agen.

Andrieu, pharmacien, à Agen.

Andrieu, notaire, à Agen.

Darodes, notaire, à Agen.

Noubel, Prosper, à Agen.

Goulord, Adolphe, à Agen.

Aunac, Félix, à Agen.

Aunac, Antoine, à Agen.

Bourgeat, Adrien, à Agen.

Faucon, Édouard, à Agen.

Menne, Jules, à Agen.

Chasseigne, négociant, à Agen.

Dufort, conseiller, à Agen

Platelet, à Agen.

Barsalou, Roch, à Agen.

Maydieu, Émile, à Agen.

Barsalou, Auguste, à Agen.

Labat, à Agen.

de Larroque, maison Labat, à Agen.

Goux, Antoine, à Agen.

de Vigier, Paul, à la Garenne, com. du Passage.

Laurens, au Passage.

Laboulbène, au Passage.

de Brondeau, à Lécussan, commune de Moirax, (Laplume.)

Gaubert, aîné, à Lafleyte (Pont-du-Casse).

Gaubert, Jean, à Nègre (Agen).

MM. *Dupérié*, à Pédelard (Saint-Antoine).

Alezays, ainé, à Bon-Encontre.

Andrieu, Alexandre, à Bellile.

Andrieu, aîné, à Bellile.

Escadafals, à Reyssac (Bon-Encontre.)

Béchet, fils, à Lacaussade (Foulayronnes.)

Breil, Jean, à Foulayronnes.

Lafon-Courborieu, à Cancon (Beaugas.)

Metge, à Penne.

Lacoste, pharmacien, à Agen.

Delard, aîné, à Agen.

de Rivière, à Agen.

Laboup, Bertrand, à Agen.

Laboup, Arnaud, à Agen.

CANTON D'ASTAFFORT.

MM. *Gassou*, Édouard, à Layrac.

de Maignas, Paul, à Layrac.

Serret, Alfred, à Layrac.

Gassou, Émile, à Layrac.

Gassou, Alcide, à Layrac.

de Pléneselve, fils, à Layrac.

Dufour, Léo, à Fondragon.

CANTON DE BEAUVILLE.

MM. *Héraud*, docteur médecin, à Saint-Maurin.

de Châteaurenard, à Cauzac.

Descrimes, à Beauville.

Aillet, à Beauville.

Gouges, à Beauville.

CANTON DE LAPLUME.

MM. *de Laffore Saint-Germain*, à Laplume.
Jouanisson, père, à Sérignac.
Jouanisson, Emile, à Sérignac.
Moureau, Raymond, à Sérignac.
Dupeyron, vétérinaire, à Sérignac.
Lalanne, à Brax.
Lannelongue, ancien maire, à Aubiac.
Lasplaces, jeune, à Aubiac.
Moureau du Chiquot, au Barrail (Brax).
de Larroche, à Estillac.

CANTON DE LAROQUE-TIMBAULT.

MM. *de Raigniac*, à Poulères (la Croix-Blanche).
Descressonnières, à Laroque.
Troupel, à Laroque.
Montels, fils, à Saint-Robert
Redon, Caprais, à la Croix-Blanche.
Peleran, à Laroque.

CANTON DE PORT-SAINTE-MARIE.

MM. *Merle de Massonneau*, à Aiguillon.
d'Imbert de Mazères, à Port-Sainte-Marie.
Murret, vétérinaire, à Port-Sainte-Marie.
Duluc, Robin, à Espalais.
Réau du Baron, à Port-Sainte-Marie.
Merle du Barry, à Lagarrigue.
Régimbeau, à Galapian.
Brodoux, Bernard, à Lagarde (Port-Sainte-Marie).

CANTON DE PRAYSSAS.

MM. *Amblard*, Chéri, à Quissac.

Dardes, jeune, à Laugnac.

Teissié, jeune, à Montpezat.

Besse-Lagrange, Victor, à Prayssas

Boissié, à Laugnac

Mispoulet, aîné, à Lacépède.

Pradelle, instituteur, à Prayssas.

Espagnac, Junior, à Prayssas.

Delbrel, Gilbert, à Margassary (Cours).

CANTON DE PUYMIROL.

MM. *de Léonard*, à Puymirol.

Pontou, fils, à Saint-Pierre-de-Clairac.

Olivier, à Croquelardit.

Delprat, Jean, à Casteleulier.

Bernède, à Bernède (Puymirol).

Lamer, à Lagarde (Saint-Pierre-de-Clairac).

Maury, à Saint-Jean-de-Thurac.

Cassaigne, à Saint-Jean-de-Thurac.

Drème, à Saint-Jean-de-Thurac.

Larrieu, Laurent, à Saint-Caprais-de-Lerm.

de Saint-Amans, Casimir, à Casteleulier.

www.ingramcontent.com/pod-product-compliance
Lightning Source LLC
Chambersburg PA
CBHW071237200326
41521CB00009B/1521